②

孩子喜欢的博物科普

涂色丛书

草木的奇妙乐园

杏月

本书编委会 编

编委会成员

主　　编：翰　墨

副 主 编：游　娟

主　　审：胡昌江

参编人员：王　晶　孔　媛　罗　玥　胡冬贤

毕祎琳　李嫣然　焦鑫善

（按姓名笔画排序）

电子科技大学出版社

University of Electronic Science and Technology of China Press

·成都·

图书在版编目(CIP)数据

草木的奇妙乐园. 杏月 / 本书编委会编. — 成都 : 成都电子科大出版社, 2025. 1. --(孩子喜欢的博物科普涂色丛书). -- ISBN 978-7-5770-1424-1

Ⅰ. Q949.95-49

中国国家版本馆 CIP 数据核字第 2025QC5683 号

草木的奇妙乐园：杏月

CAOMU DE QIMIAO LEYUAN：XINGYUE

本书编委会 编

策划编辑 段 勇 陈姝芳
责任编辑 陈姝芳
责任校对 胡月莲
责任印制 段晓静

出版发行 电子科技大学出版社
成都市一环路东一段 159 号电子信息产业大厦九楼 邮编 610051
主 页 www.uestcp.com.cn
服务电话 028-83203399
邮购电话 028-83201495

印 刷 成都理想印务有限公司
成品尺寸 185 mm×260 mm
印 张 5.25
字 数 39 千字
版 次 2025 年 1 月第 1 版
印 次 2025 年 1 月第 1 次印刷
书 号 ISBN 978-7-5770-1424-1
定 价 30.00 元

前　　言

一个永远不会有标准答案，但又值得每个人思考的问题是：“为什么有的人生璀璨夺目，而有的人生却平凡无奇？”更奇怪的是，平凡的人生常常一帆风顺，而璀璨的人生却往往伴随着挑战、挫折和痛苦。

李白很希望能够在政治上有所作为。他曾被唐玄宗召入宫廷担任翰林供奉，由于不愿迎合权贵，逐渐遭到排挤。天宝三年（公元744年），李白被迫离开长安，当时李白面临仕途的挫折和生活的困境，虽然处于人生的低谷，却写出了传唱千年的《行路难》，其中词句“长风破浪会有时，直挂云帆济沧海”表明他依然对未来充满信心和希望。苏东坡被贬黄州之后，写出了千古名篇《定风波·莫听穿林打叶声》，其中词句“莫听穿林打叶声，何妨吟啸且徐行。竹杖芒鞋轻胜马，谁怕？一蓑烟雨任平生”完美表达了东坡先生面对人生风雨时的从容与豁达。斯蒂芬·威廉·霍金在21岁时被诊断出患有肌萎缩侧索硬化症，医生预计他只能活两年。霍金认为宇宙具有无限可能性和复杂性，即使我们无法完全理解它，但可以通过科学的方法逐渐揭开它的面纱，每一次进步都是一次美的体验。这种力量一直支持霍金在身体状况日益恶化的情况下始终坚持科学研究，在学术上取得了巨大成就。

回到刚才的那个问题，是什么让人生璀璨夺目，甚至在面对较大的挫折与苦难时，也能起到“定风波”的作用呢？其中至少有一个关键性的因素，就是“理解美、欣赏美、创造美的能力”，或者说美学的综合素养——如果要与智商做类比，我们甚至可以把这种能力称作一个人的“美商”。一个“美商”高的人，不仅能在学习文学艺术方面如鱼得水，在科学和技术领域往往也能事半功倍。

如果你是一位小朋友，在欣赏这些精美的图片与自己涂色时，这套书会在你心中埋下美的种子，潜移默化地提升你的“美商”。这套书不仅提供了很多有用的知识，也能让你直接与美的东西零距离接触。如果你是一位大朋友，我建议你可以拿出一段无人干扰的时间，用最好的彩笔给书中的黑白图上色。这是一段能够让你集中注意力的“冥想时刻”，虽然时间不长，但相信能够给你带来一种很独特的力量，这种力量能够多多少少帮助你获得内心的平静安宁。一页一页翻阅这套书，就是一页一页翻阅自己的内心，希望你带给这套书的每一缕色彩，都能驱散你心中一粒尘埃。

本丛书中的植株原型是明清时期的外销画，为了全面展示植物的花、叶、果实等的样貌和形态，部分插图同时呈现了植物的花和果实。经过几百年的变迁，书中的部分植物插图可能与今天的植物有一些区别，发生了一些变化，特此说明。

翰　墨

甲辰年，冬寒过半，春寒将至

目　录

一本博物科普涂色书，

让孩子在色彩中感受大自然的美丽！

杏月

草木的奇妙乐园

tiān má
天 麻

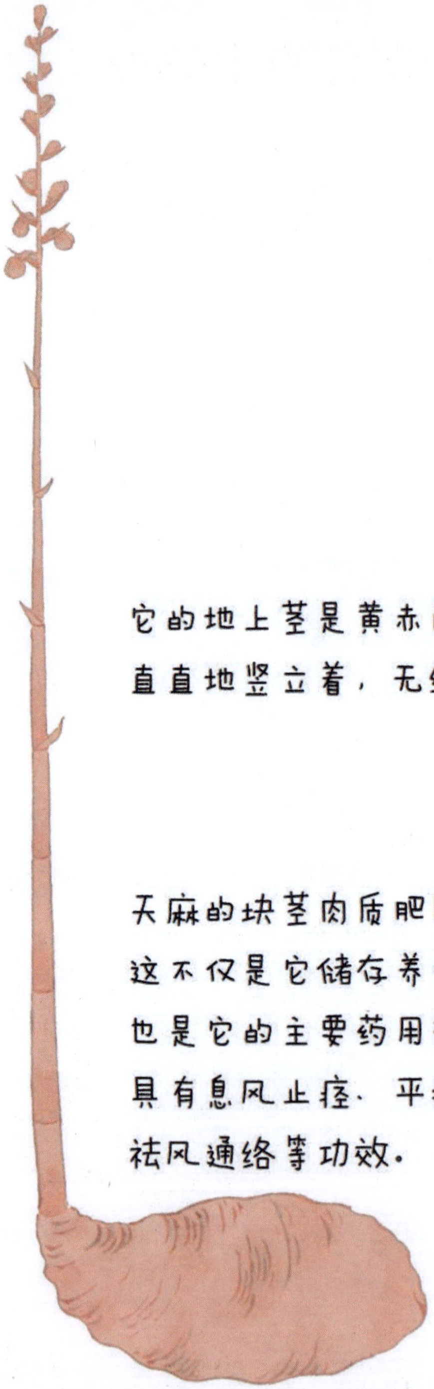

它的地上茎是黄赤色的圆柱形，
直直地竖立着，无绿叶。

天麻的块茎肉质肥厚，呈长圆形。
这不仅是它储存养分的地方，
也是它的主要药用部分，
具有息风止痉、平抑肝阳、
祛风通络等功效。

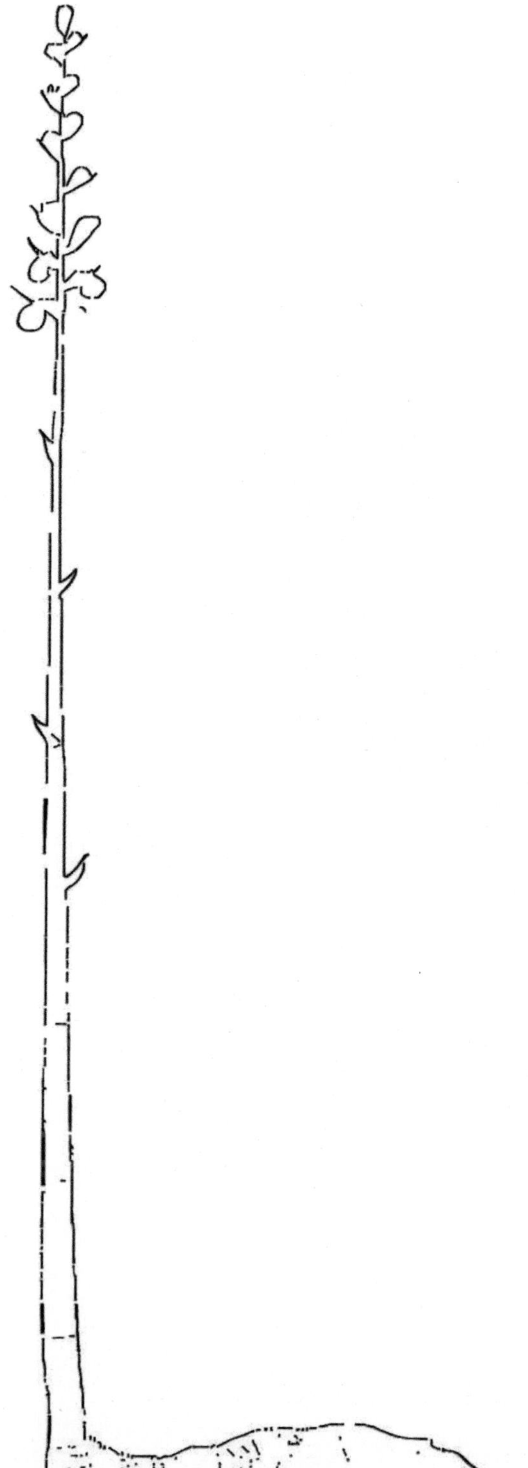

细辛
xì xīn

细辛叶子的形状像稍微宽一些的心形或近肾形。

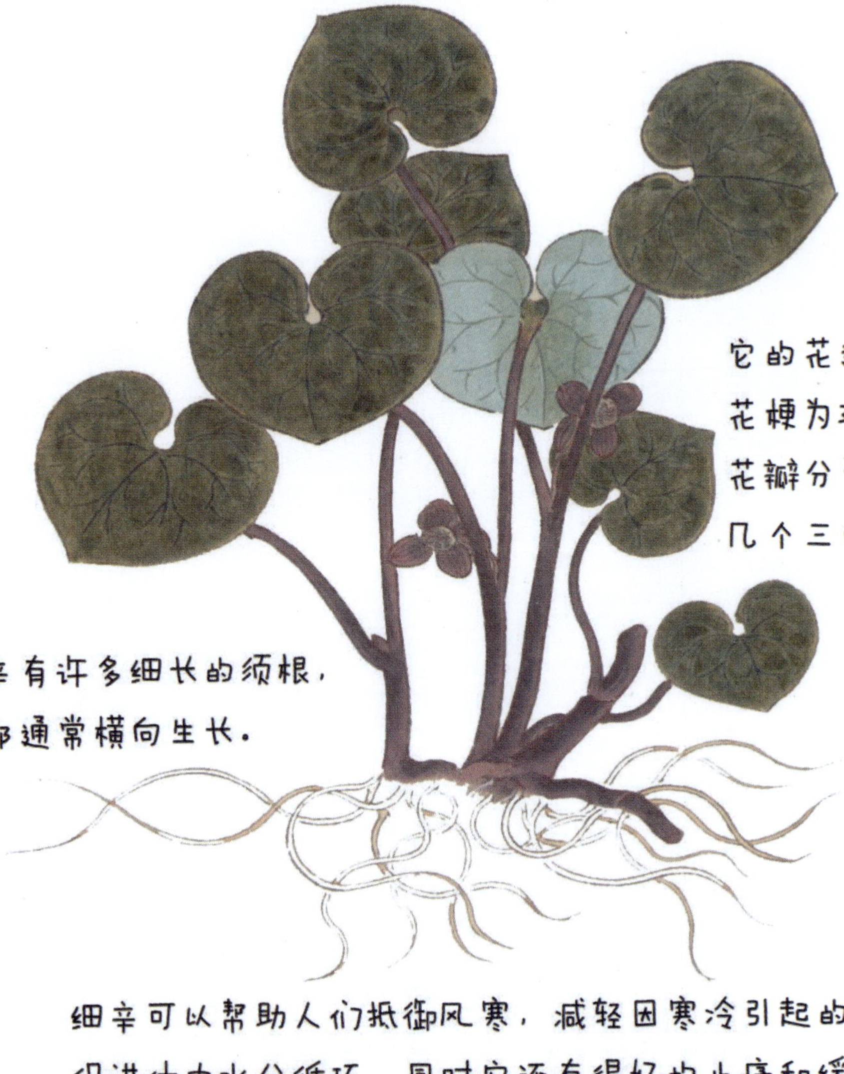

它的花通常呈紫褐色，花梗为3～5厘米长，花瓣分裂成几个三角形的样子。

细辛有许多细长的须根，根部通常横向生长。

细辛可以帮助人们抵御风寒，减轻因寒冷引起的不适，促进体内水分循环，同时它还有很好的止痛和缓解咳嗽的作用。

hóng huā
红 花

到了开花的时候，
红花会在顶端开出许多的花，
看起来就像一把把打开的伞。
小花是红色或橘红色的，
非常漂亮。

红花的叶子又长又窄，
叶子的边缘
有大小不同的锯齿。
所有的叶子都很硬，
摸起来像是皮革做的。

红花可以长到0.5～1米高。
它的茎是直直的，
上部会分出很多小枝。

红花的花可入药，具有通经活血的功效。

蓟 (jì)

蓟的花由许多片状的苞片层叠而成，
这些苞片顶部尖尖的，
看起来像小刺。
它的花朵的颜色是红色或紫色的，
非常漂亮。

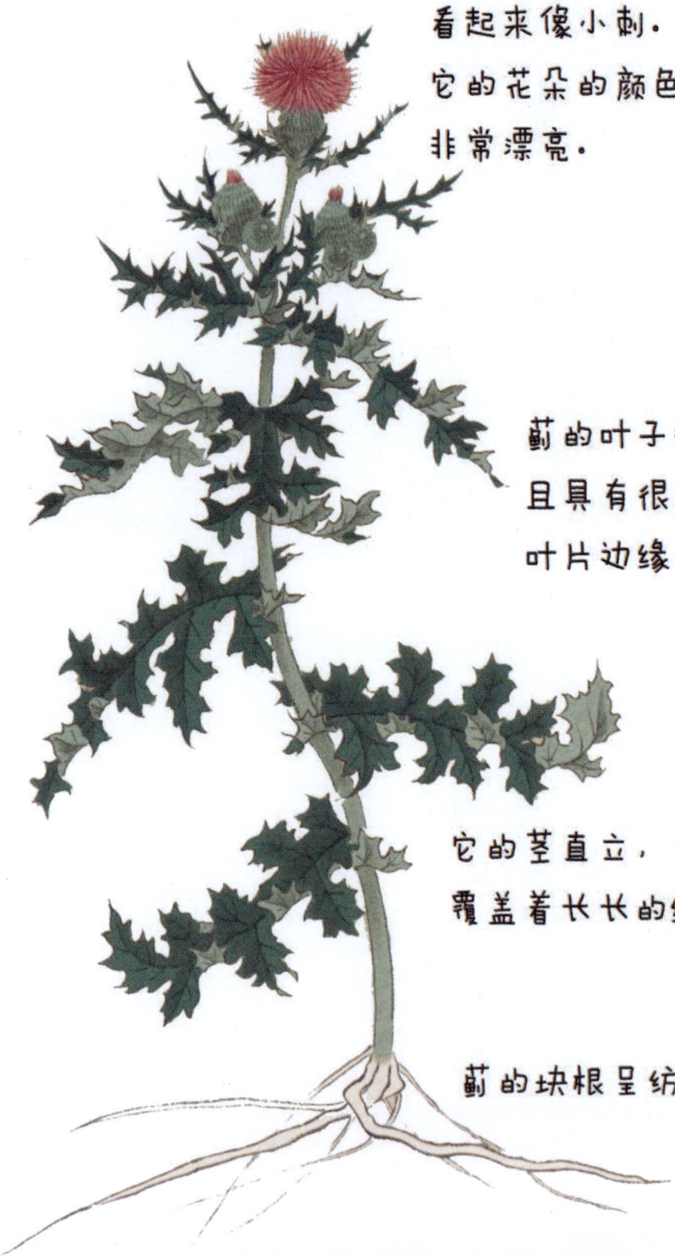

蓟的叶子很长，
且具有很多深深的裂口，
叶片边缘有尖尖的小刺。

它的茎直立，有棱，
覆盖着长长的绒毛。

蓟的块根呈纺锤状或萝卜状。

蓟的地上部分可入药，具有止血、凉血、散瘀的功效。

飞廉 (fēi lián)

飞廉的茎是直立的，
上面有纵向的条棱，
这些棱上有绿色的
三角形刺。

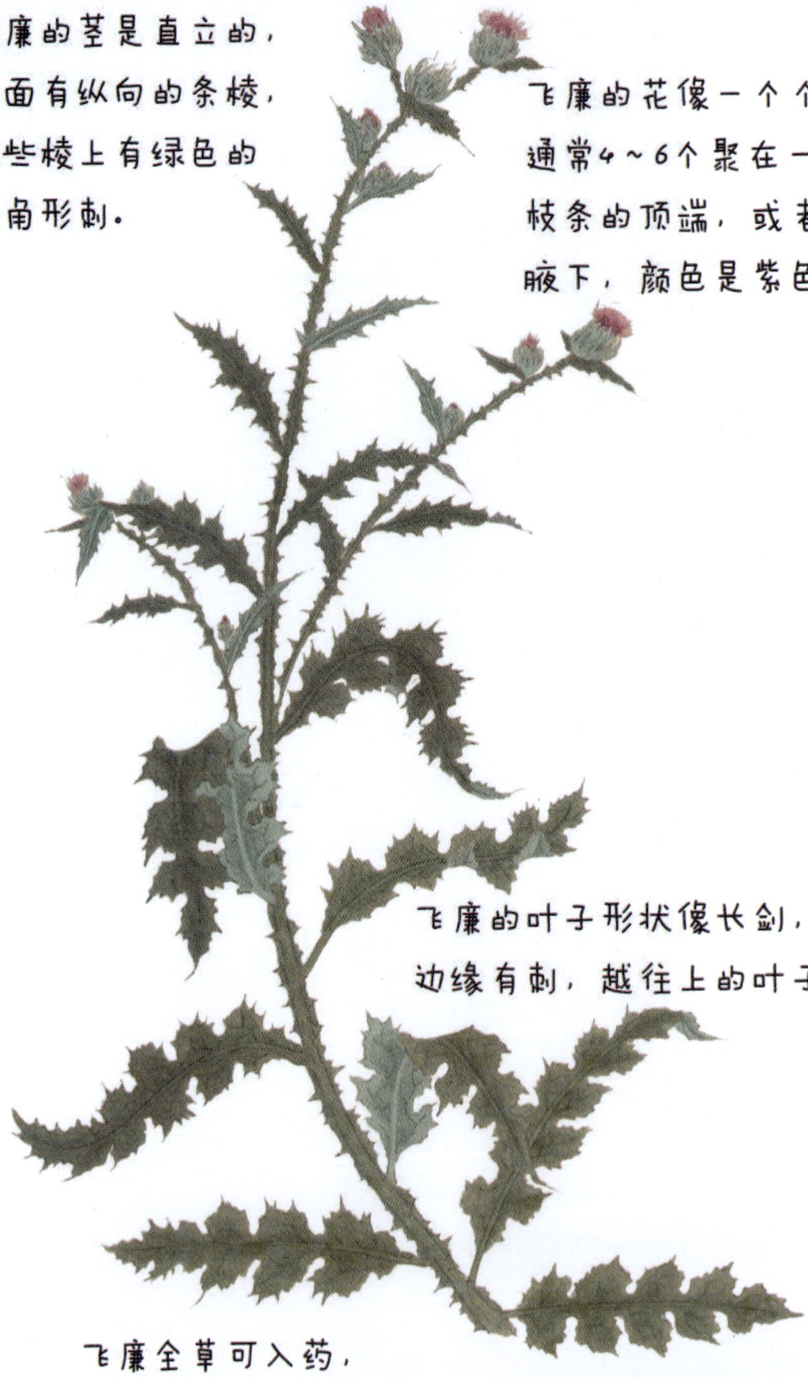

飞廉的花像一个个小球，
通常4～6个聚在一起长在
枝条的顶端，或者叶子的
腋下，颜色是紫色的。

飞廉的叶子形状像长剑，
边缘有刺，越往上的叶子就越小。

飞廉全草可入药，
具有消肿止血、清除体内热气和湿气的功效。

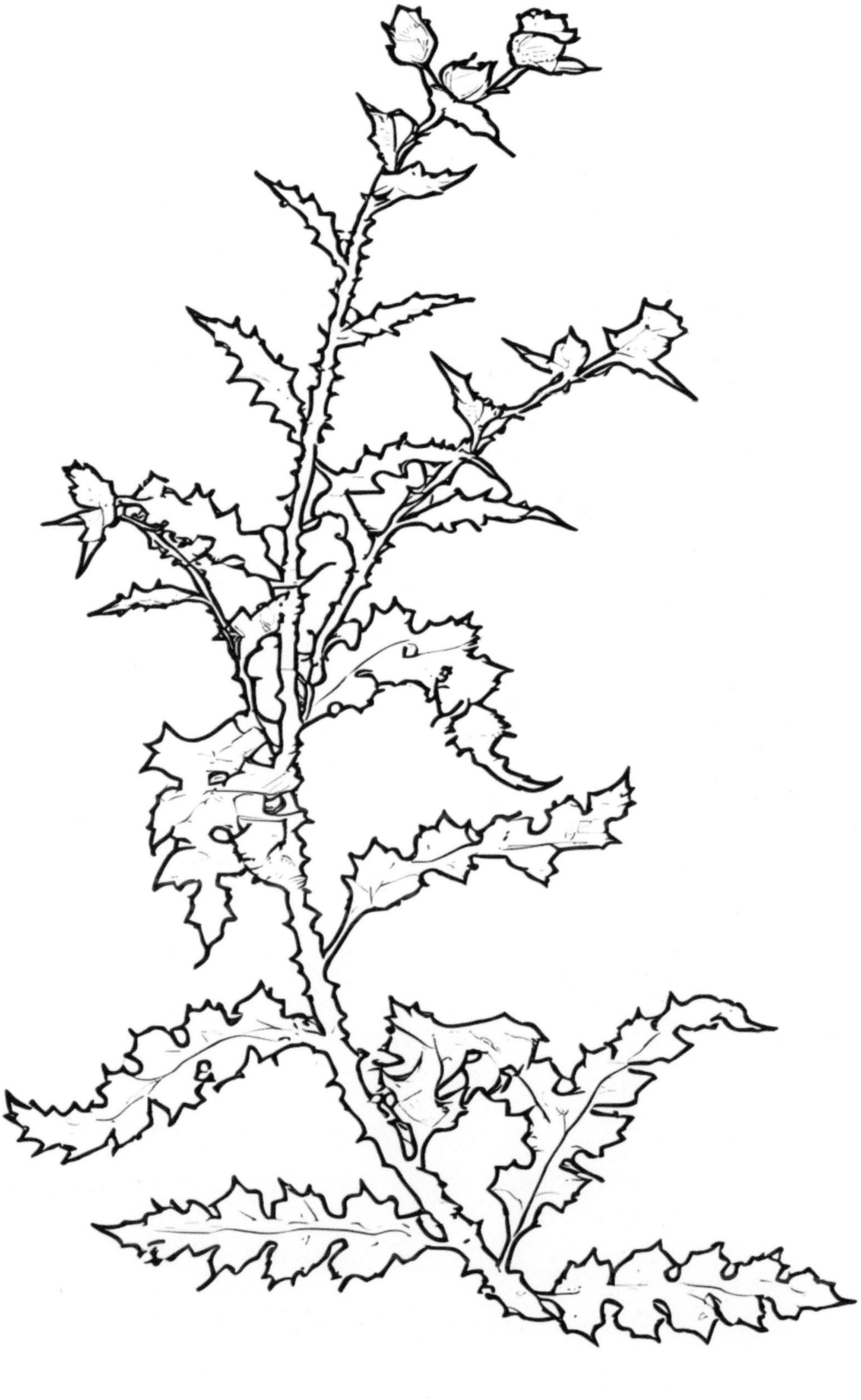

zhù má
苎 麻

苎麻的叶子的形状像心形，
叶片正面摸起来有点粗糙，
背面则被一层密集的、
像棉絮一样的白色绒毛覆盖。

苎麻的全身都长满了
长长的软毛。

将干燥的苎麻叶子磨成粉，
或者是把新鲜的苎麻叶子捣碎，
敷在伤口上，有助于止血。

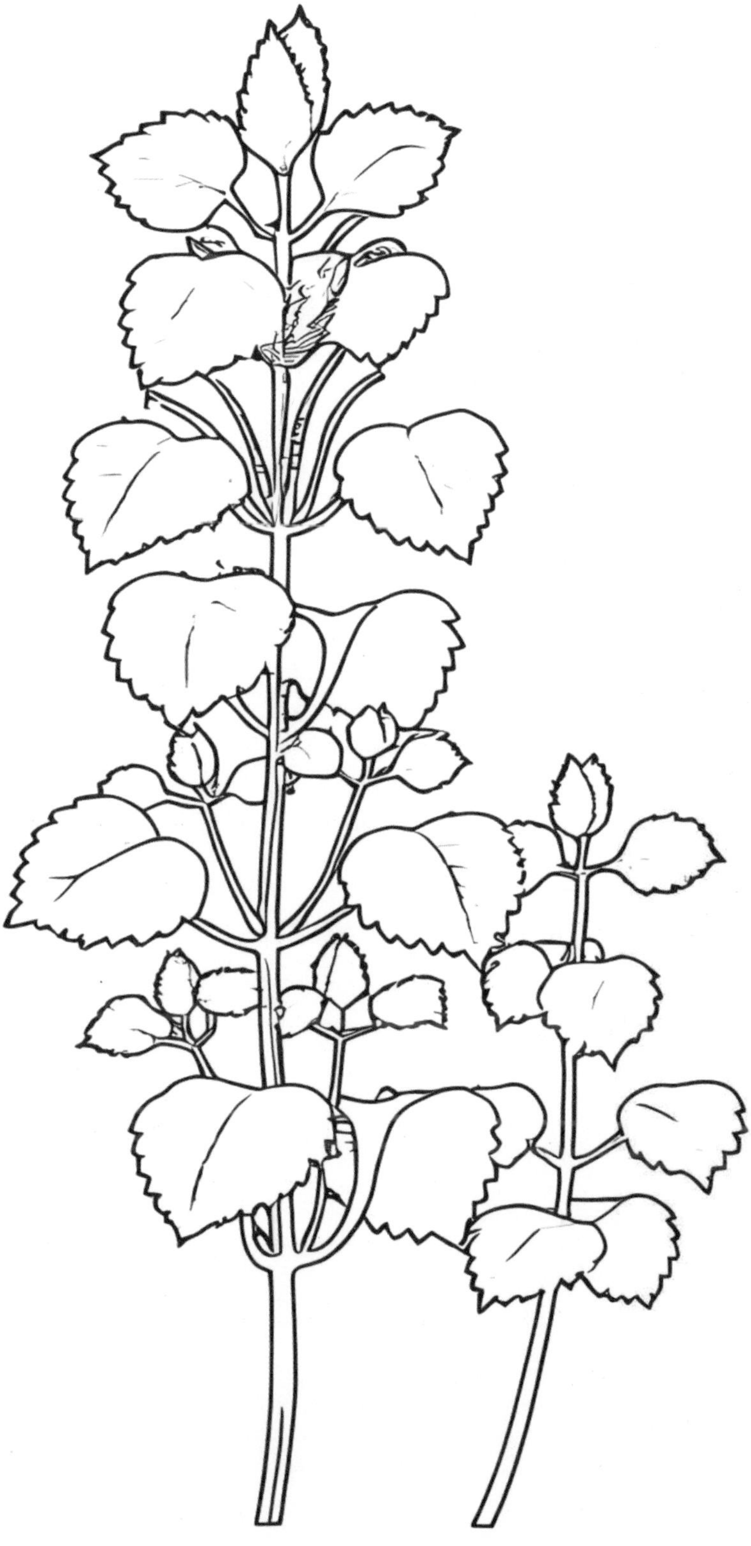

cāng ěr
苍耳

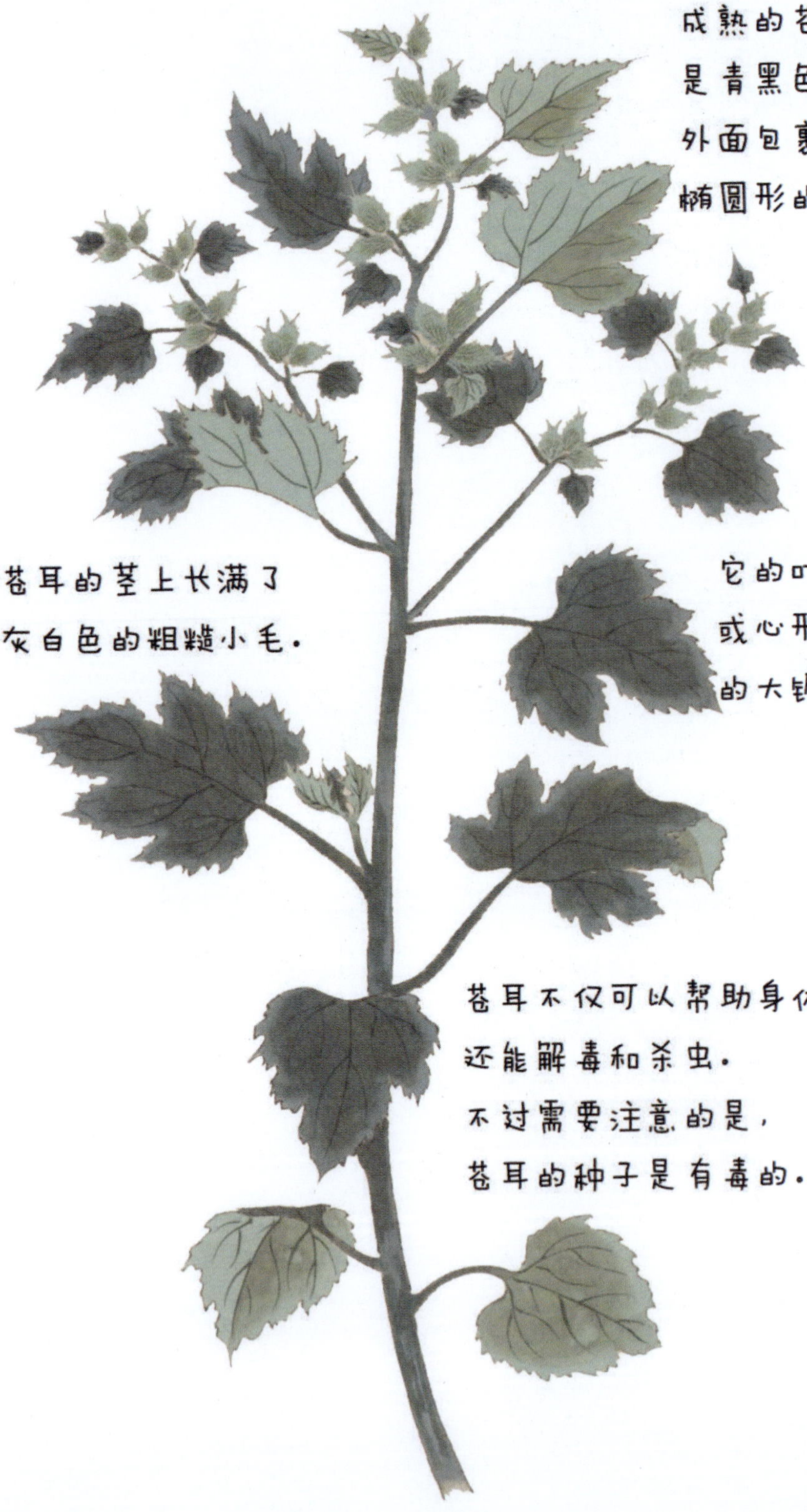

成熟的苍耳果实
是青黑色的，
外面包裹着一个有刺的
椭圆形的壳。

苍耳的茎上长满了
灰白色的粗糙小毛。

它的叶子形状像三角形
或心形，边缘有不规则
的大锯齿。

苍耳不仅可以帮助身体祛风散热，
还能解毒和杀虫。
不过需要注意的是，
苍耳的种子是有毒的。

tiān míng jīng
天名精

天名精的花通常长在茎的顶端
或沿茎、枝长在叶片的腋下，
颜色是黄色的，叶子在开花前会枯萎。

它的茎是直立的，
可以长到60～100厘米高。

天名精全草可入药，具有清热解毒、祛痰止血的功效。

问荆 (wèn jīng)

春天来临时，问荆的能育枝
会先萌发出来，高度为5～35厘米，
颜色是黄棕色的，没有轮茎分枝，
表面有细长的沟槽，当孢子散播完后，
这些枝条就会枯萎。
不育枝稍晚一些长出，
可以长到40厘米高，是绿色的，
有很多轮生分枝。
这些分枝柔软而细长，形状扁平。

问荆的枝条有两种：
一种是可以长出孢子的
能育枝；另一种是
不会长孢子的不育枝。

问荆的孢子囊穗
呈圆柱形，
顶端圆润。

问荆全草可入药，可以用来帮助止血、
利尿和治疗咳嗽气喘等。

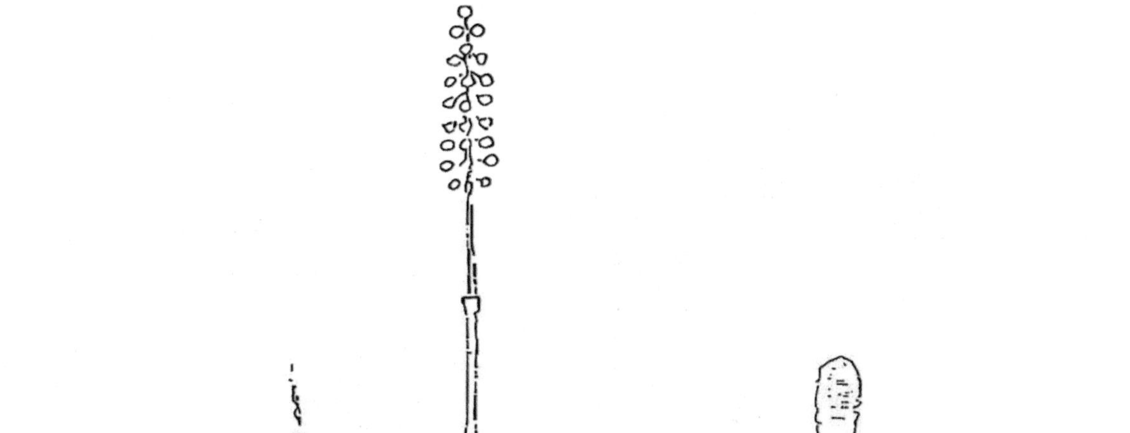

牛膝
niú xī

牛膝株高70～120厘米。

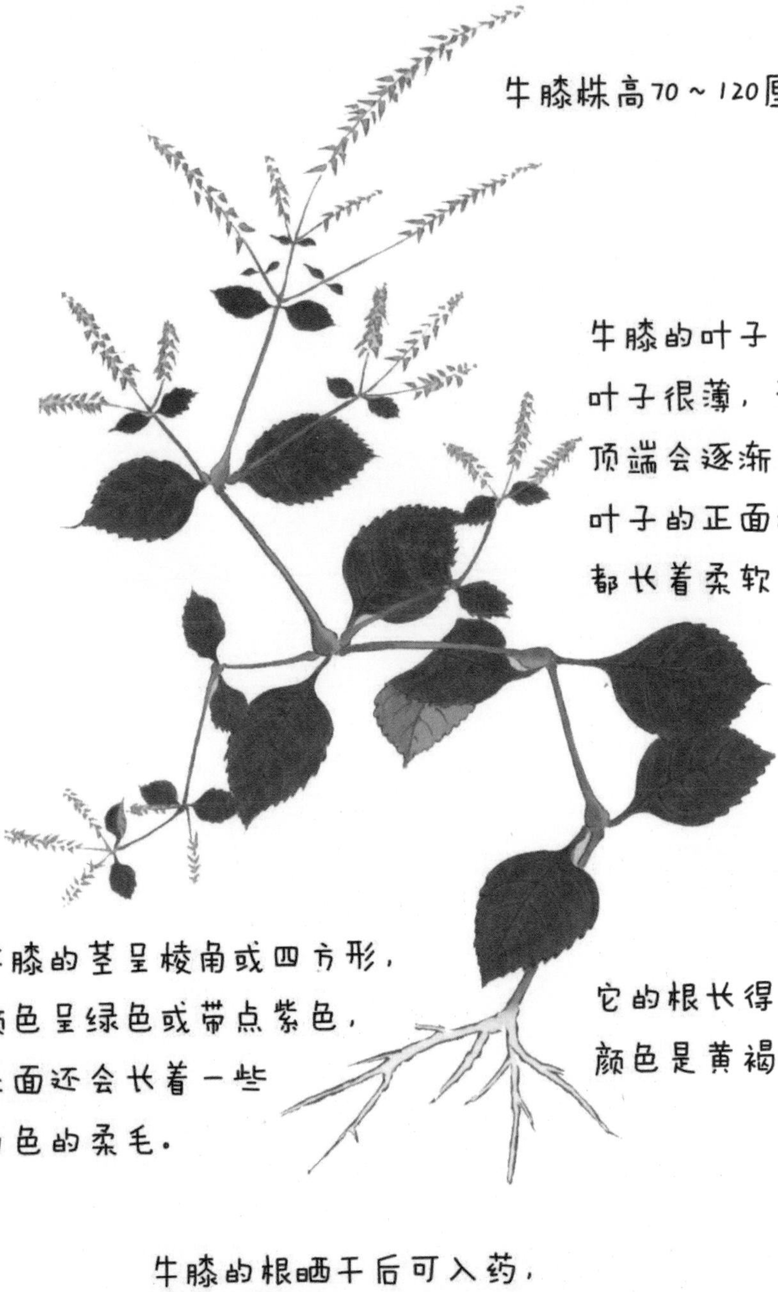

牛膝的叶子成对生长，
叶子很薄，形状呈椭圆形，
顶端会逐渐变尖，
叶子的正面和背面
都长着柔软的细毛。

牛膝的茎呈棱角或四方形，
颜色呈绿色或带点紫色，
上面还会长着一些
白色的柔毛。

它的根长得像粗粗的棍子，
颜色是黄褐色的。

牛膝的根晒干后可入药，
具有活血通经、补肝肾、强筋骨等功效。

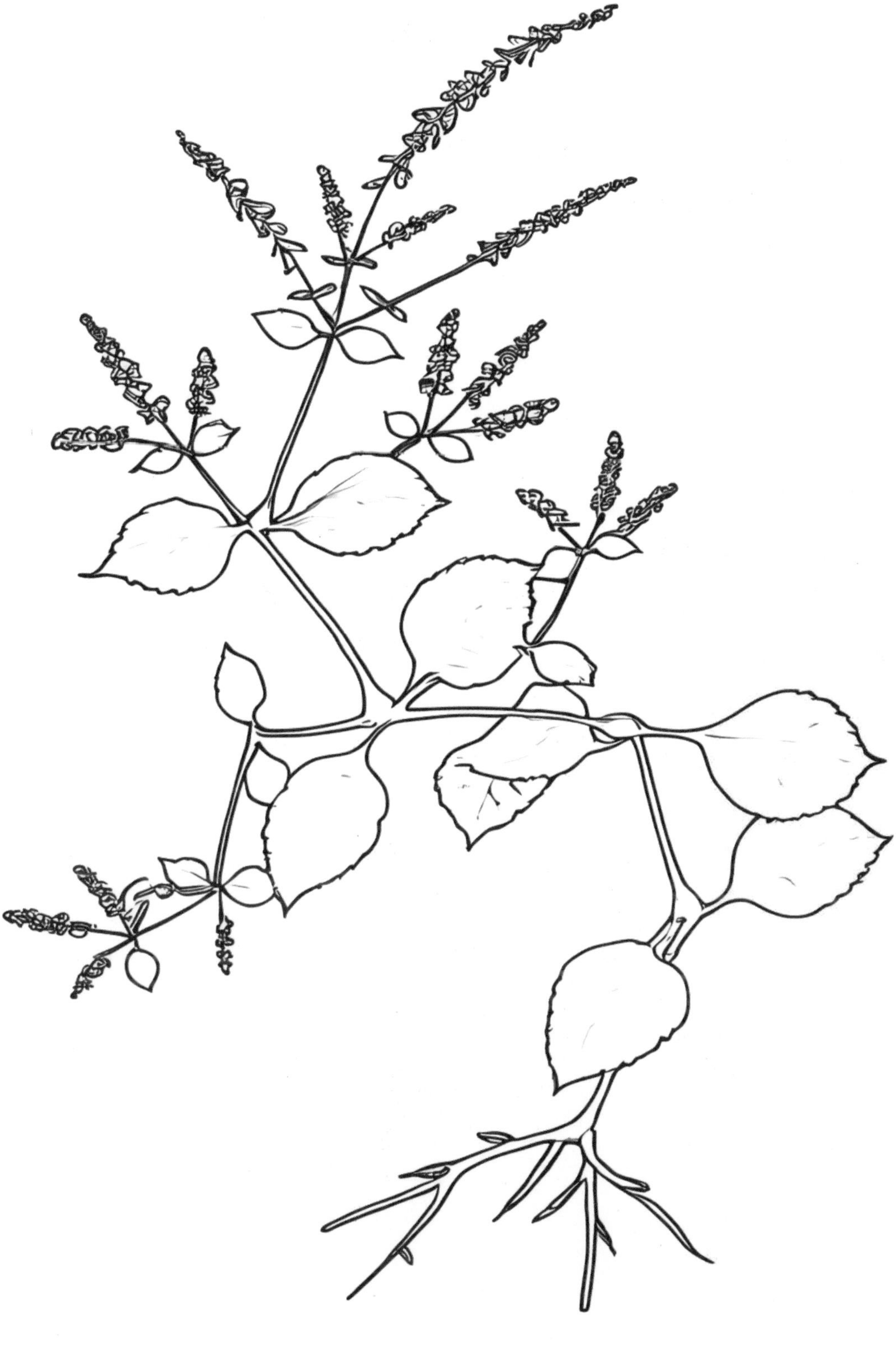

紫菀

zǐ wǎn

紫菀是一种直立生长的植物，
它的茎比较粗壮。

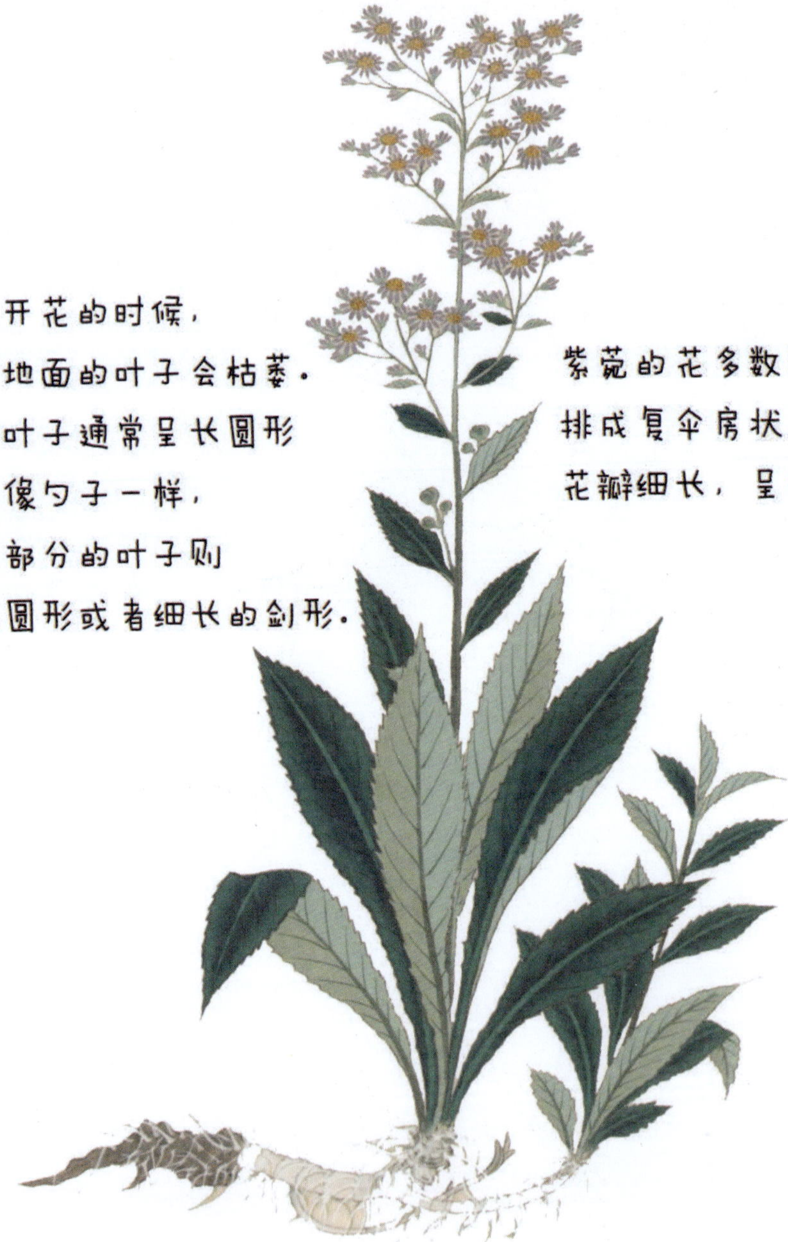

紫菀开花的时候，
靠近地面的叶子会枯萎。
这些叶子通常呈长圆形
或者像勺子一样，
中间部分的叶子则
呈长圆形或者细长的剑形。

紫菀的花多数开在顶端，
排成复伞房状，
花瓣细长，呈紫色。

紫菀可以入药，有润肺祛痰的功效。

淡竹叶
dàn zhú yè

淡竹叶的茎是直立的，
一丛丛地生长在一起，
可以长到40～80厘米高，
茎上有5～6个节点。

它的叶子的底部边缘
会有细细的毛。
叶子和茎连接处的部分
是硬硬的，颜色呈褐色，
背面还有一些粗糙的小毛。

淡竹叶有一种特别的根，
看起来有点像木头。

淡竹叶的茎叶可以入药，有清热解毒的功效。

鸭跖草

yā zhí cǎo

鸭跖草开的花非常漂亮，
花瓣是深蓝色的，
花的萼片很薄，
像纸一样。

它的叶子的形状
就像鸭子的脚掌一样，
因此得名"鸭跖草"。

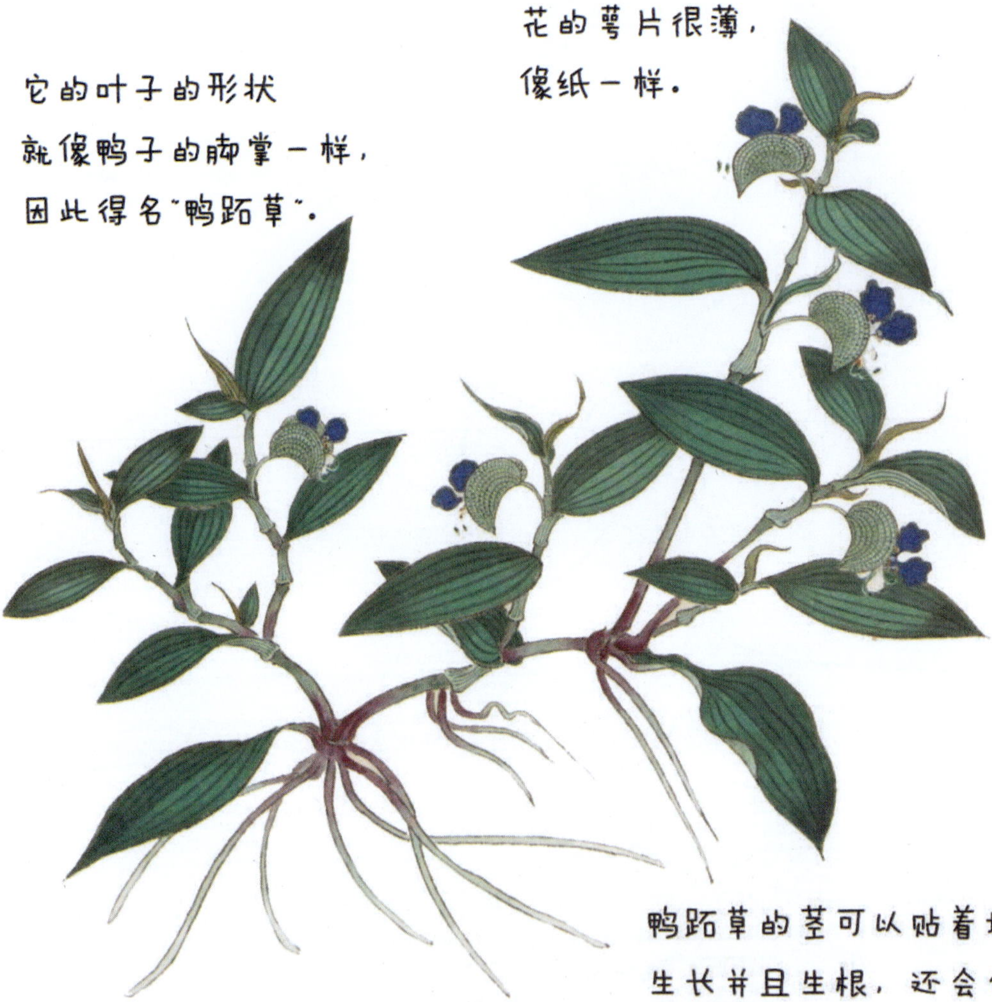

鸭跖草的茎可以贴着地面
生长并且生根，还会分出
很多枝条。

鸭跖草有淡淡的甜味，可以用作药材，
它具有清热解毒、利水消肿的功效。

蜀葵

shǔ kuí

蜀葵的花朵长在顶端，
有的是一层花瓣，
有的是多层花瓣，
颜色非常丰富，
有紫色、粉色、
红色和白色等。

蜀葵的茎上长满了毛刺。
它的叶子像手掌，
叶子两面均有星状毛。

蜀葵的花朵具有通便、解毒和消除肿块的功效。

锦（jǐn）葵（kuí）

锦葵可以长到50～90厘米高，有很多分枝，
茎上面有一些粗粗的毛。

锦葵叶子边缘有
2～5个圆圆的缺口，
叶子的两面光滑，
但叶脉上有一些
粗糙的短毛。

锦葵的花开在叶片腋下，
颜色以紫红色和白色为主，
花瓣的顶端有一点小缺口，
花瓣的底部长有一些细毛。

锦葵的茎、叶子和花都可以入药，
具有清热利湿、理气通便的功效。

龙葵 (lóng kuí)

龙葵的茎近无毛或有很少的细软毛，
叶子是一片一片交替长在茎上的，
形状为卵形，下圆上尖，
叶子表面通常是光滑的。

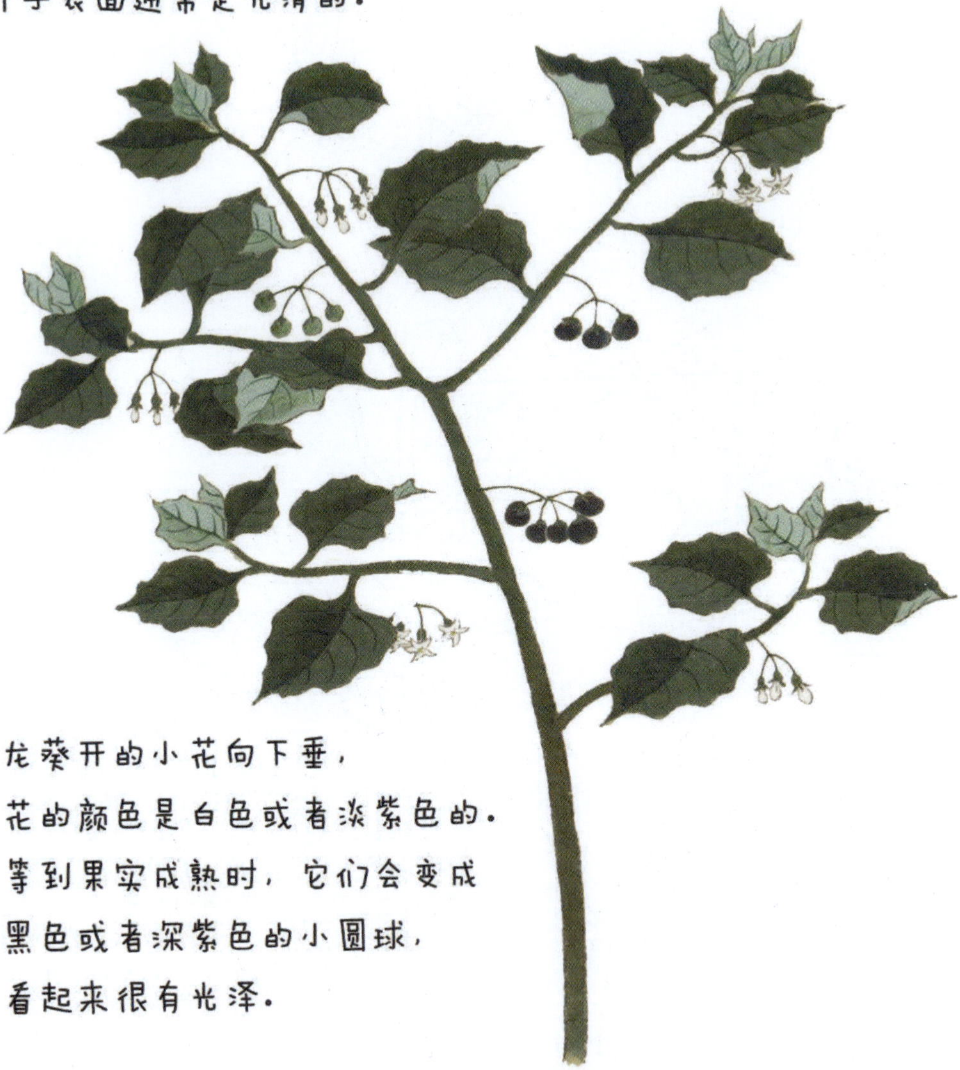

龙葵开的小花向下垂，
花的颜色是白色或者淡紫色的。
等到果实成熟时，它们会变成
黑色或者深紫色的小圆球，
看起来很有光泽。

龙葵具有清热解毒、促进血液循环和消除淤血的功效。

bài jiàng
败 酱

败酱的花序是由多个聚伞花序组成的大伞房花序，
长在植株的顶部，花序梗的上部一侧长有向外张开的白色糙毛。
它的花冠是钟形的，颜色是黄色的，花冠裂成5片。

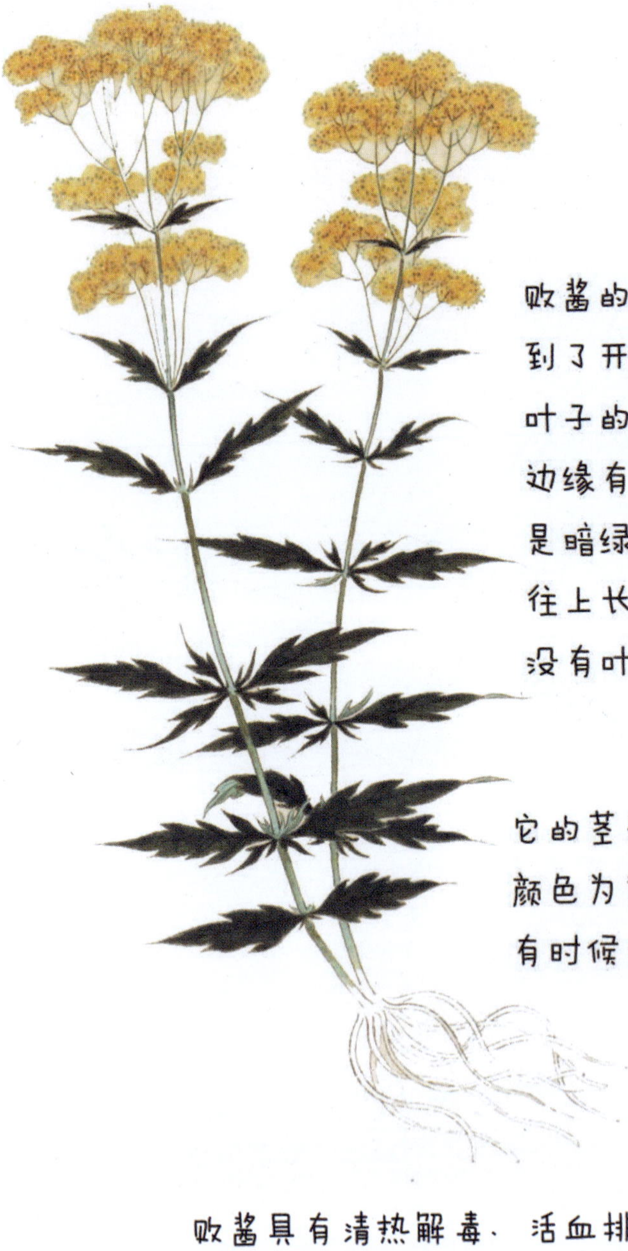

败酱的叶子从根部长出来，
到了开花的时候，叶子会枯萎。
叶子的形状像羽毛，顶端尖尖的，
边缘有粗大的锯齿。叶子的上面
是暗绿色的，背面是淡绿色的，
往上长的叶子会逐渐变小，
没有叶柄。

它的茎是直立的，
颜色为黄绿色或黄棕色，
有时候会带点淡紫色。

败酱具有清热解毒、活血排脓的功效。

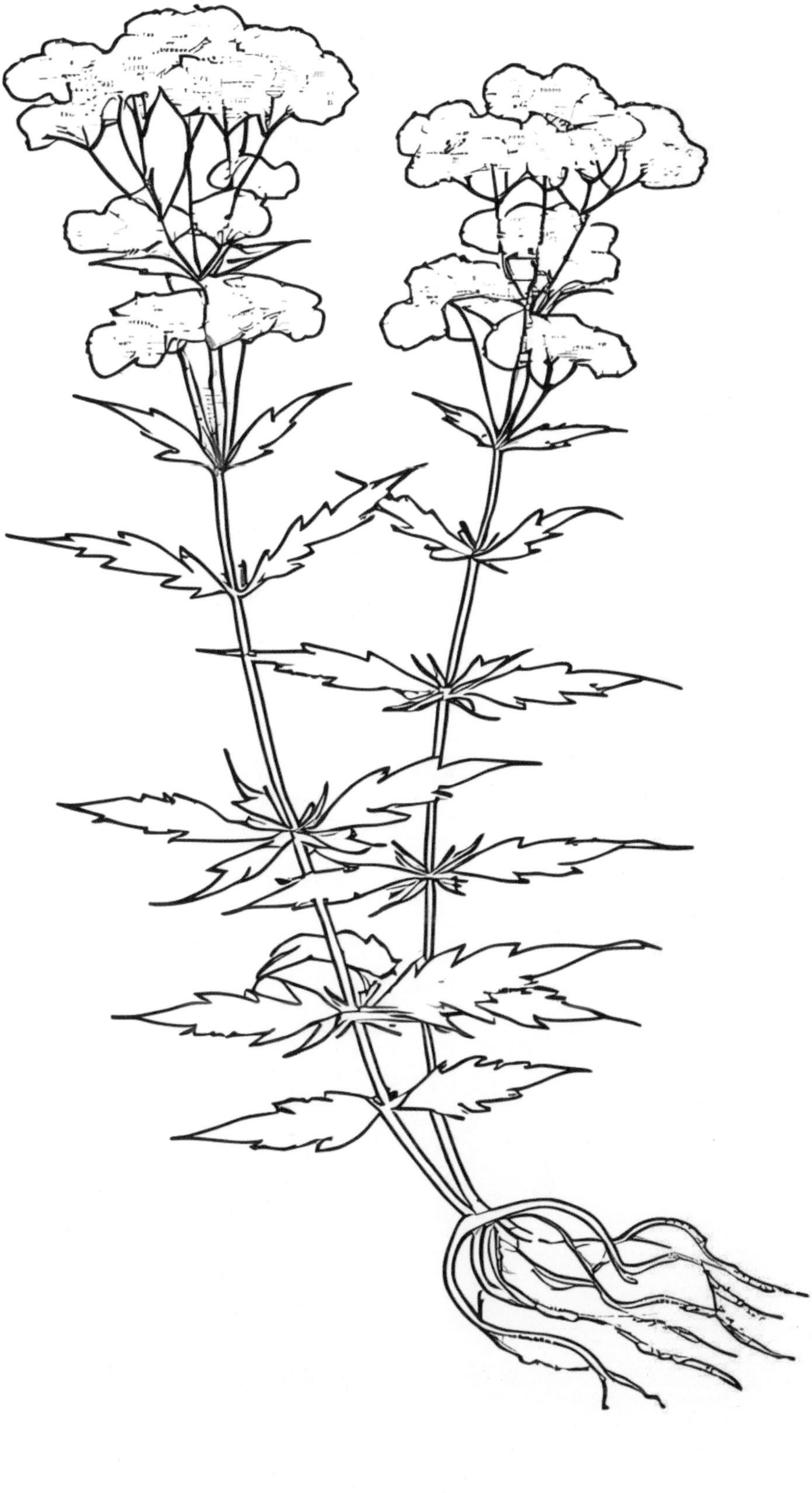

迎春花

yíng chūn huā

迎春花的叶子是椭圆形的，看起来很可爱。
迎春花一朵一朵地长在叶子的腋下，
花瓣是黄色的。
因为迎春花是所有花中最先开放的，
花开之后不久，春天就来到了，
所以叫作“迎春花”。

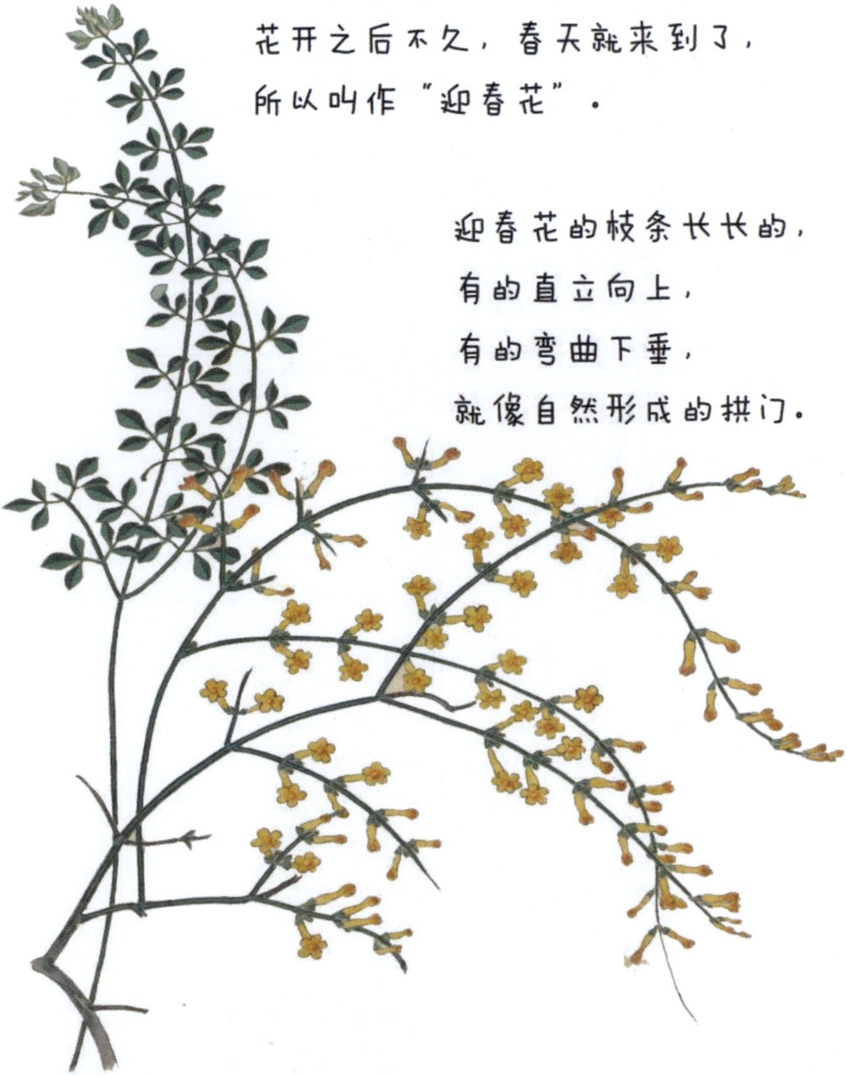

迎春花的枝条长长的，
有的直立向上，
有的弯曲下垂，
就像自然形成的拱门。

迎春花既可以活血、去除淤血，还能消肿止血、帮助排尿。

槐叶决明
huái yè jué míng

槐叶决明的花
长在叶茎与花枝的结合处或顶部，
花萼筒很短，像个小托盘，有5个萼片，
形状呈倒卵形或接近圆形。
花是黄色的，有5个倒卵形的花瓣。

它的果实
是近似圆筒形的荚果，
鼓鼓的，
边缘是棕黄色的，
中间是棕色的，
长度为5～10厘米。

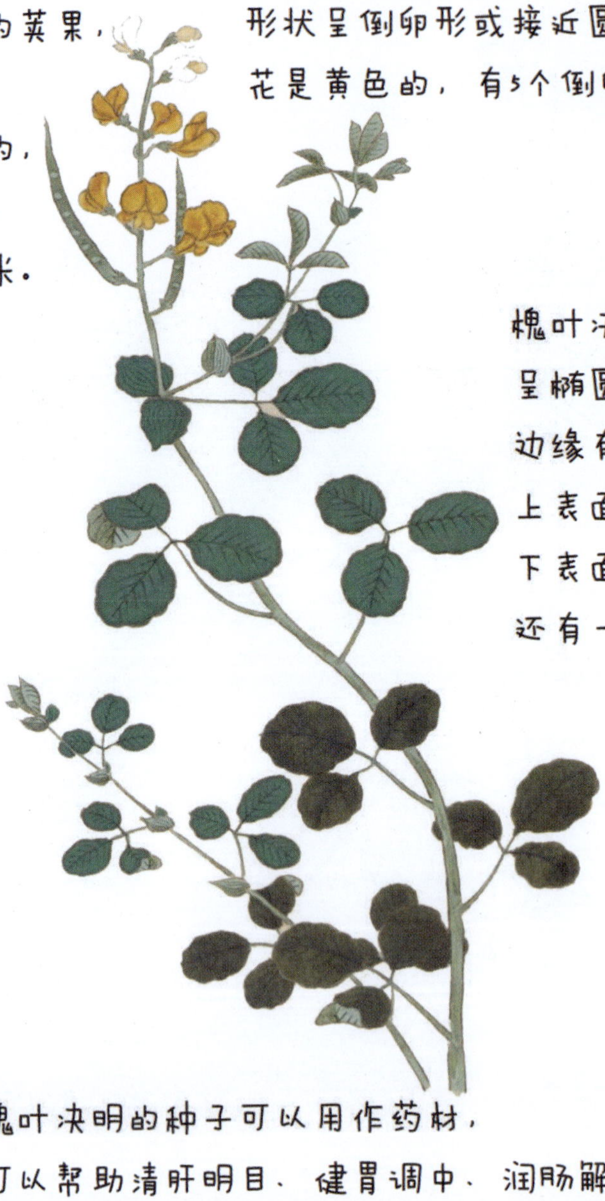

槐叶决明的叶子
呈椭圆形，
边缘有刺毛，
上表面是绿色的，
下表面覆盖着白粉，
还有一点臭味。

槐叶决明的种子可以用作药材，
可以帮助清肝明目、健胃调中、润肠解毒。

麦蓝菜

mài lán cài

麦蓝菜的花长在顶部，花梗细长；
花萼筒上有5条绿色的脉和5个棱；
有5片淡红色的花瓣，
顶端有不规则的小齿。

麦蓝菜可以长到30～70厘米高，
它的茎直立生长，上部会分叉。
叶子成对长出，
叶片呈细长的三角形，
叶子的基部微微连在一起，
紧紧地抱着茎。

麦蓝菜的成熟种子晒干后可以入药，
具有活血通经、消肿利尿和促进乳汁分泌等功效。

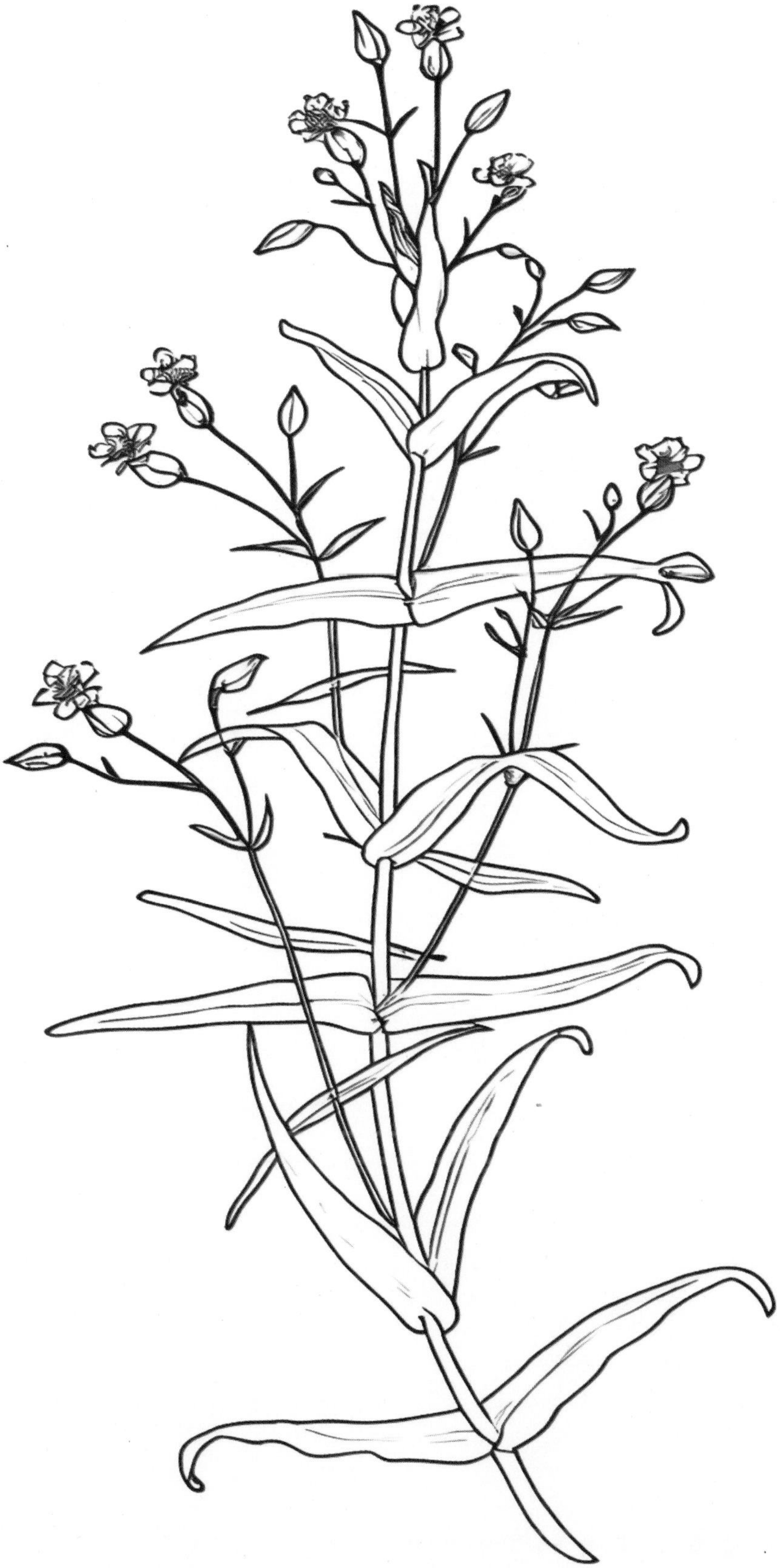

jiǎn chūn luó
剪春罗

剪春罗可以长到50~90厘米高，几乎全株无毛。

剪春罗的花
呈二歧聚伞花序，
花梗非常短，
上面有稀疏的短柔毛，
花朵裂成5瓣，
颜色是橘红色的。

剪春罗的叶子
通常呈椭圆形或卵形。

剪春罗全草都可以入药，
可以治疗感冒、风湿性关节炎和腹泻。

jiǎn hóng shā huā
剪红纱花

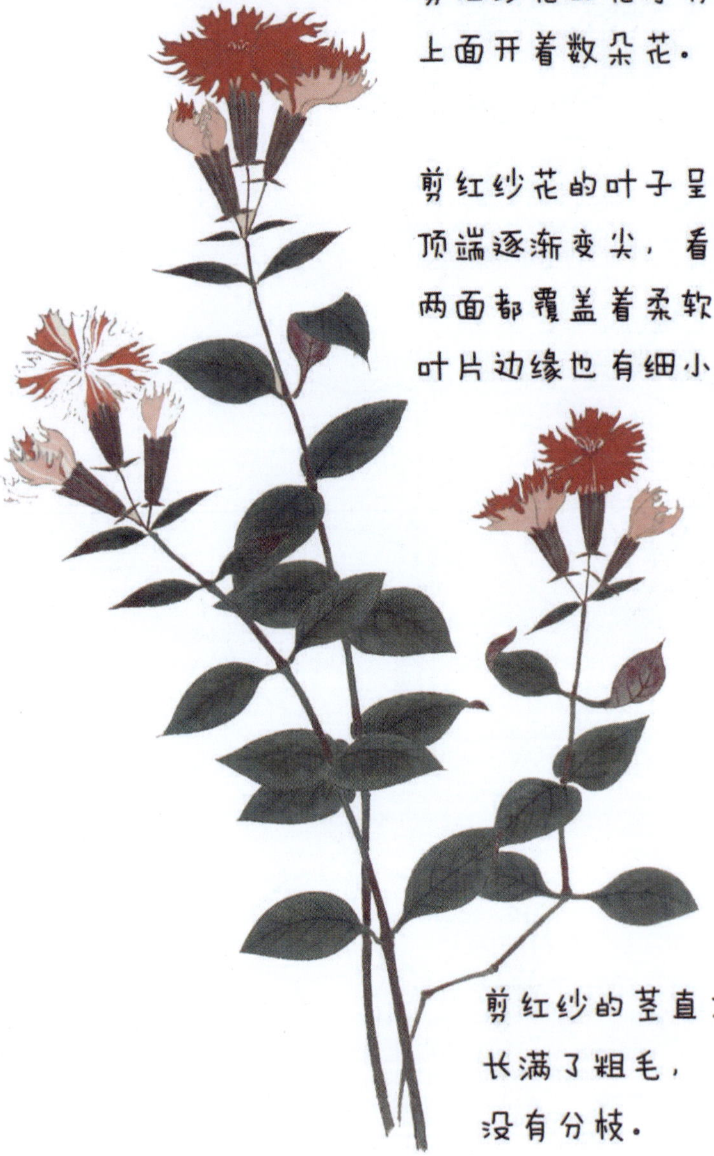

剪红纱花的花序有多个分枝，
上面开着数朵花。

剪红纱花的叶子呈椭圆状披针形，
顶端逐渐变尖，看起来很饱满，
两面都覆盖着柔软的毛，
叶片边缘也有细小的毛。

剪红纱的茎直立着单独生长，
长满了粗毛，
没有分枝。

剪红纱花的全草或根都能入药，可以帮助治疗跌打损伤、尿频、小便不畅、感冒、风湿性关节炎和腹泻等问题。

jīn zhǎn huā
金盏花

金盏花的花朵长在茎枝顶部，有花梗支撑，
外面的苞片是绿色的，形状细长，边缘薄薄的，像一层膜。
花的边缘部分是舌状的，花朵呈鲜艳的黄色或橙黄色。
因为它的花形状像一个小金杯，
所以叫作“金盏花”。

金盏花的叶子长长的，
像一把细长的剑，
叶片顶端逐渐变尖，
底部是楔形的，
边缘有大的锯齿。

金盏花的全身都长满了
柔软的小毛，
金盏花的茎直立生长，
茎的上部长出一些分枝。

金盏花的味道酸中带甜，可以入药，
具有清热、止血的功效。

chē qián
车 前

车前会在植株中心抽出3～10根穗状的花序，上面长着很多小小的花，花冠不太明显。

车前的根茎短而粗，长了很多像胡须一样的根。所有的叶子都从根部长出，叶子表面平滑，形状像纺锤。

车前的叶片边缘有波浪状的起伏，偶尔还有一些不太明显的钝齿。每片叶子有5～7条主脉，这些脉络在叶背凸起，延伸至叶柄，通常叶片和叶柄的长度差不多。

车前具有清热解毒、清肝明目、祛痰、止泻的功效。

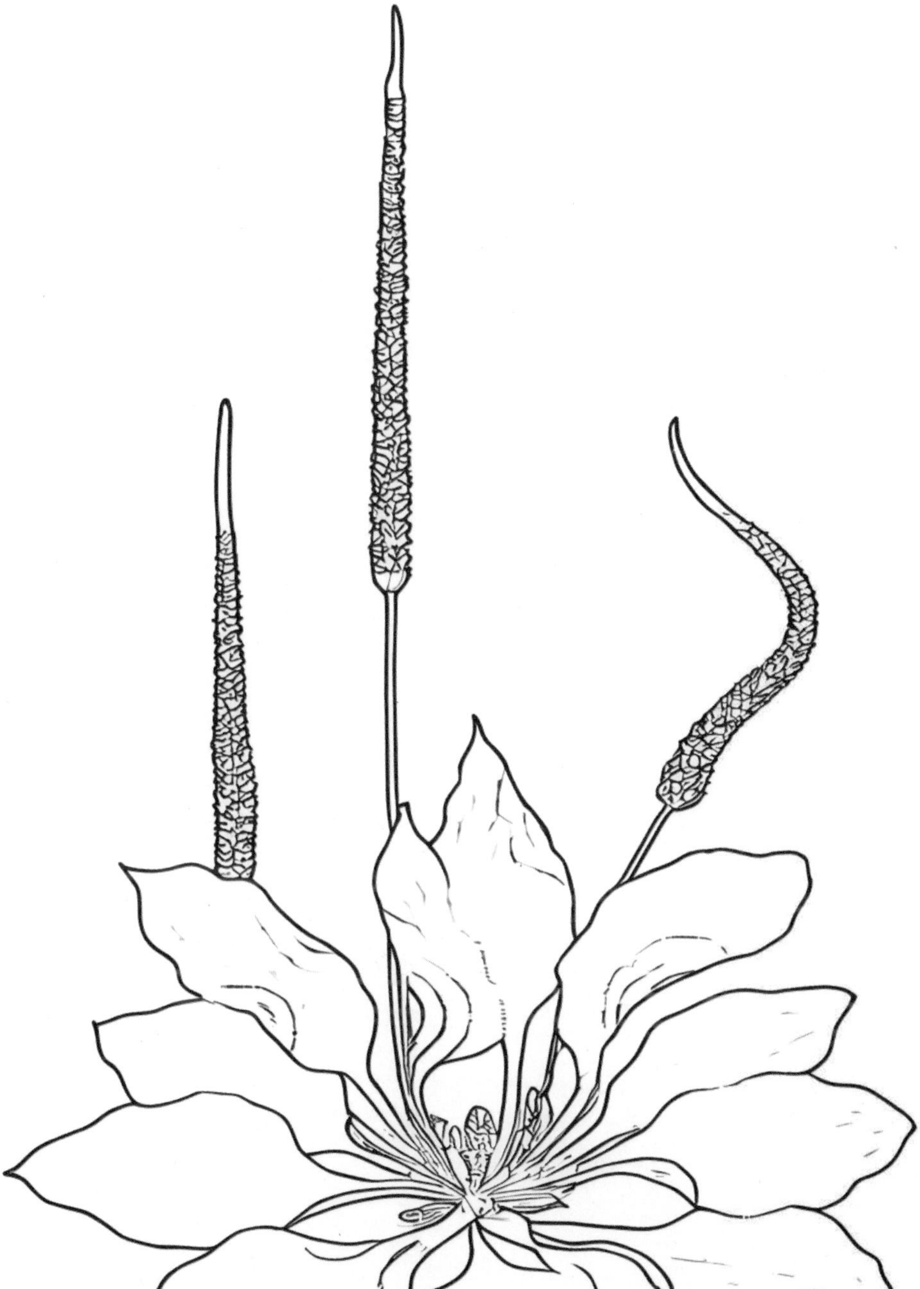

mǎ dōu líng
马 兜 铃

马兜铃叶子的形状很特别，
叶子的顶端是圆的，
底部则是心形的。
因为它的果实成熟后，
形状像挂在马脖子上的铃铛，
所以人们叫它“马兜铃”。

马兜铃的根
长得像一根大萝卜，
茎有一种类似腐肉的味道。

马兜铃的果实可以入药，具有清肺降气、止咳平喘的功效。

鼠尾草

shǔ wěi cǎo

鼠尾草的花朵的颜色丰富多样，
有淡红色、淡紫色、淡蓝色或白色等，
花的表面覆盖着长柔毛。

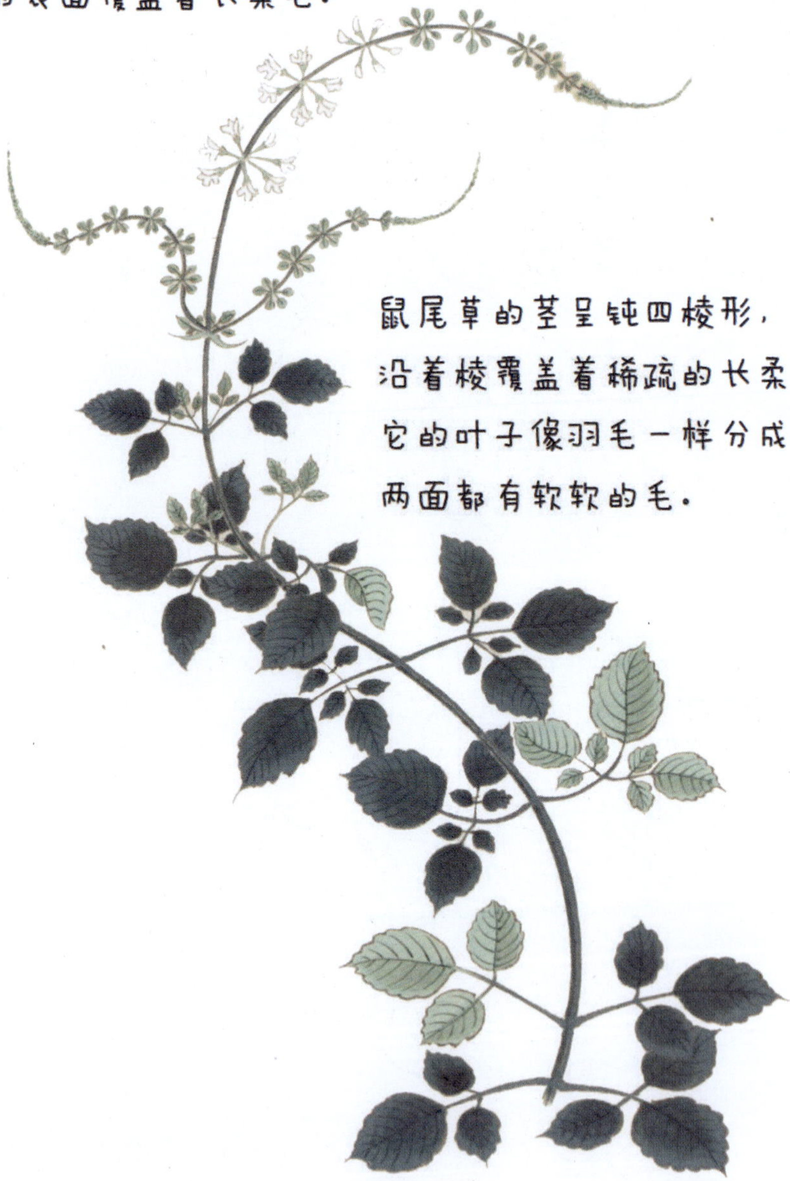

鼠尾草的茎呈钝四棱形，
沿着棱覆盖着稀疏的长柔毛或近无毛。
它的叶子像羽毛一样分成许多小片，
两面都有软软的毛。

鼠尾草全草可入药，
具有清热利湿、活血调经、解毒消肿的功效。

gǒu wěi cǎo
狗尾草

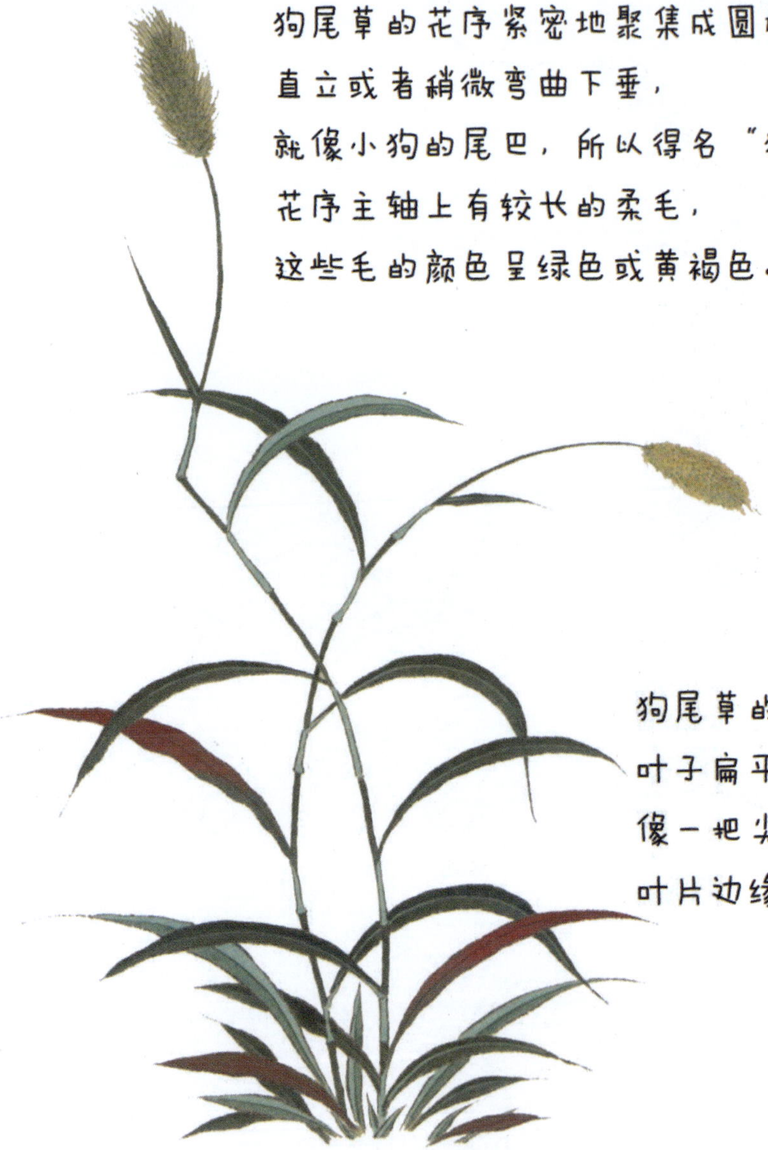

狗尾草的花序紧密地聚集成圆柱形，
直立或者稍微弯曲下垂，
就像小狗的尾巴，所以得名“狗尾草”。
花序主轴上有较长的柔毛，
这些毛的颜色呈绿色或黄褐色。

狗尾草的茎直立生长，
叶子扁平细长，
像一把尖尖的剑，
叶片边缘有些粗糙。

狗尾草可以入药，具有清肝明目、解热祛湿的功效。

接骨草

jiē gǔ cǎo

接骨草可以长到1～2米高。
它的茎部有棱条，叶子由多个小叶组成，叶片边缘有锯齿，
当叶子还幼嫩的时候，上面会长有一些稀疏的长毛。

接骨草的花像杯子一样，
花萼筒呈杯状，
萼齿是三角形的，
花冠呈白色。

接骨草全草可以入药，具有祛风除湿、活血散瘀的功效。

长鬃蓼
chánɡ zōnɡ liǎo

长鬃蓼的叶子呈披针形或宽披针形，
叶片顶端逐渐变尖，
叶柄较短或几乎没有叶柄。

长鬃蓼全株都可入药，
有助于祛除体内的湿气，还能止泻、促消化。

xiāng liǎo
香 蓼

香蓼是一种有特殊香味的植物，
它可以长到90厘米高，有很多分枝。

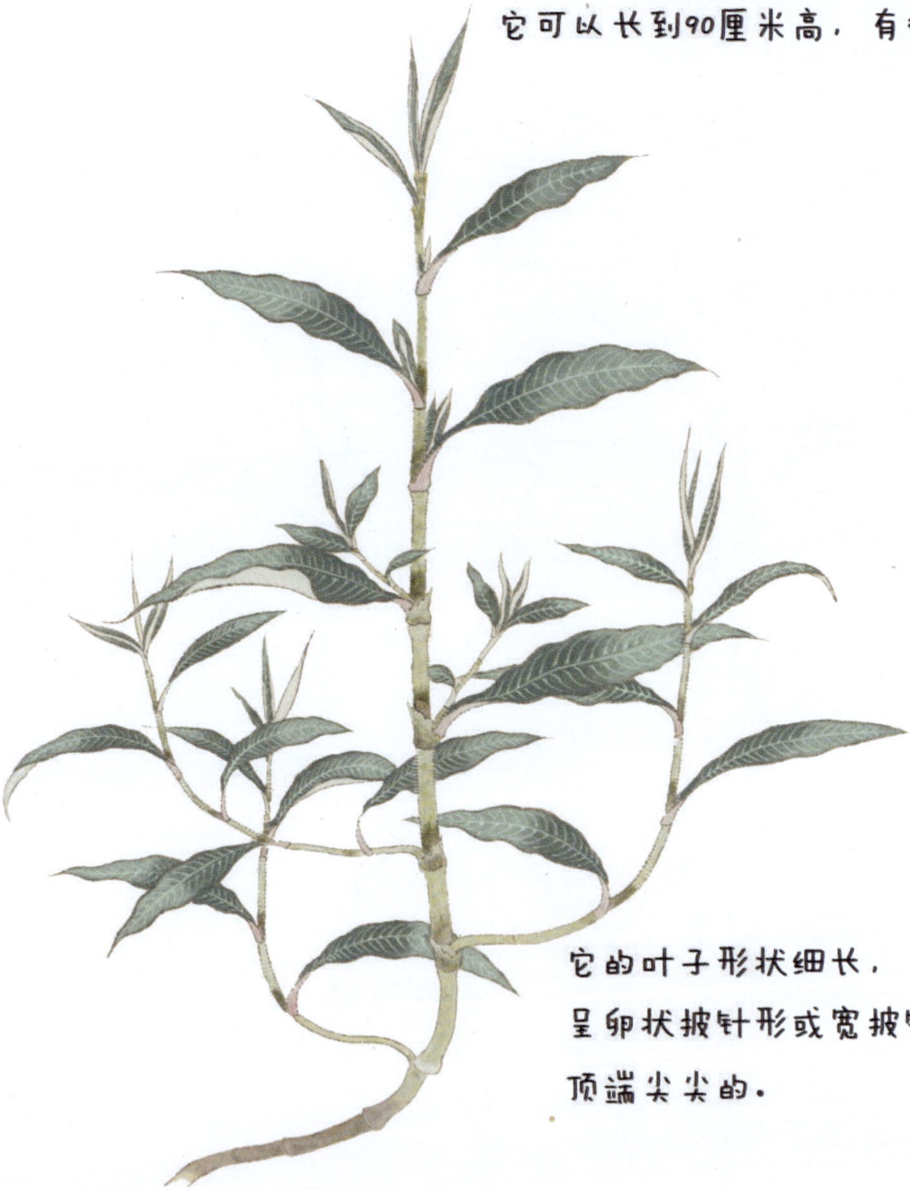

它的叶子形状细长，
呈卵状披针形或宽披针形，
顶端尖尖的。

香蓼的叶子可入药，具有理气除湿、健胃消食的功效。

红蓼 (hóng liǎo)

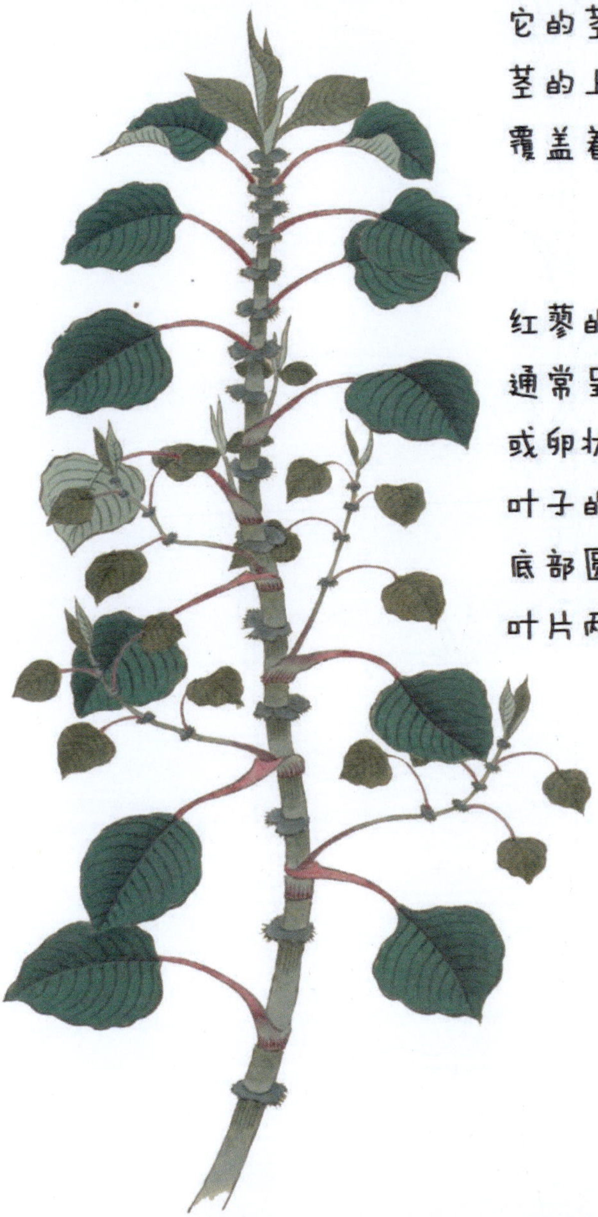

红蓼可以长到1～2米高。
它的茎直立且粗壮，
茎的上部有很多分枝，
覆盖着密密的长柔毛。

红蓼的叶子比较大，
通常呈宽卵形、宽椭圆形
或卵状披针形，
叶子的顶端尖尖的，
底部圆圆的，
叶片两面覆盖着密集的短柔毛。

红蓼具有祛风利湿、清热解毒的功效。

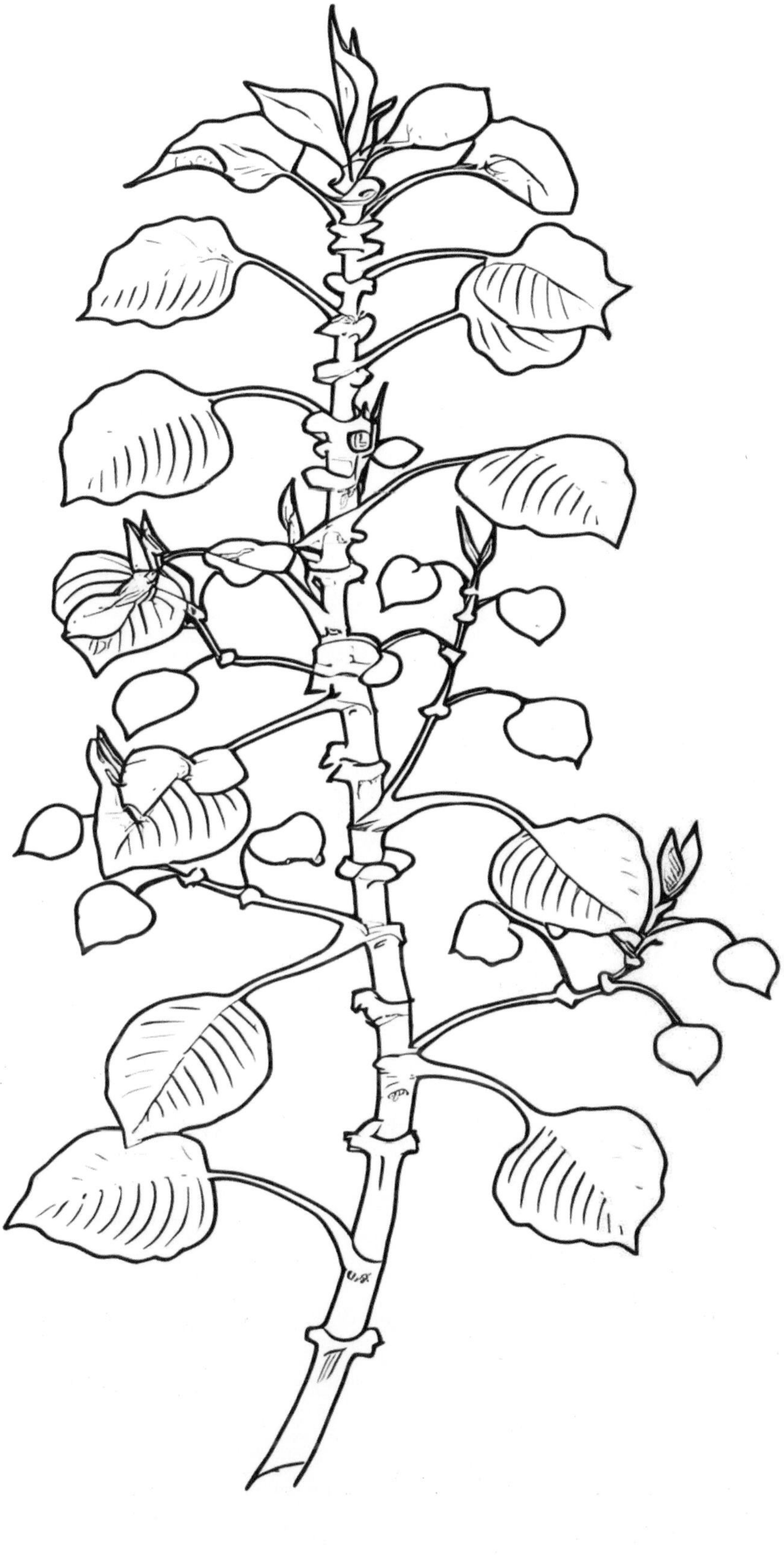

hǔ zhàng
虎 杖

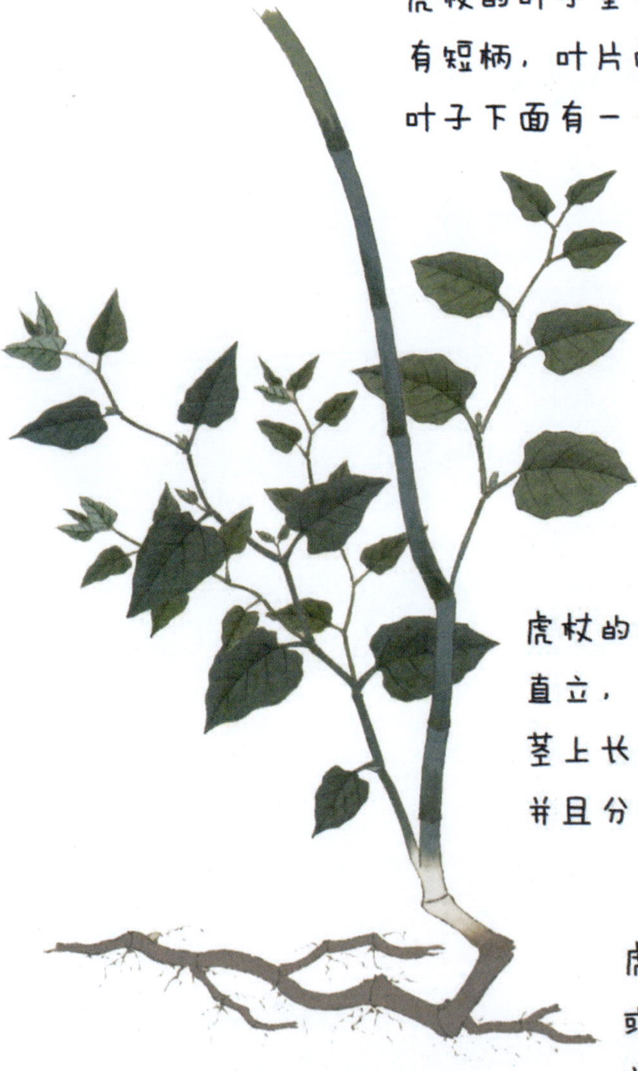

虎杖的叶子呈宽卵形或卵状椭圆形，
有短柄，叶片两面光滑无毛，
叶子下面有一个薄薄的、褐色的托叶鞘。

虎杖的茎是空心的，
直立，丛生，
茎上长着一些小突起和明显的纵棱，
并且分布着红色或紫红色的小斑点。

虎杖的根状茎通常呈黑棕色
或棕黄色，横向生长，
并且有较多侧根。

虎杖的叶子、根茎和根都可以入药，
具有祛风湿、活血祛瘀等功效。

zǐ huā dì dīng
紫花地丁

紫花地丁的花朵
通常呈紫堇色或者淡紫色，
花的中间部分颜色较浅，
上面有紫色的条纹。

紫花地丁的叶子形状比较特别，
叶柄细长，叶片底端忽然变宽，
再慢慢收窄，像细长的三角形，
叶片边缘呈波浪状。

紫花地丁具有清热解毒、凉血消肿的功效。

shāng lù
商 陆

商陆株高50～150厘米，
它的茎直立生长，
有很多分枝。

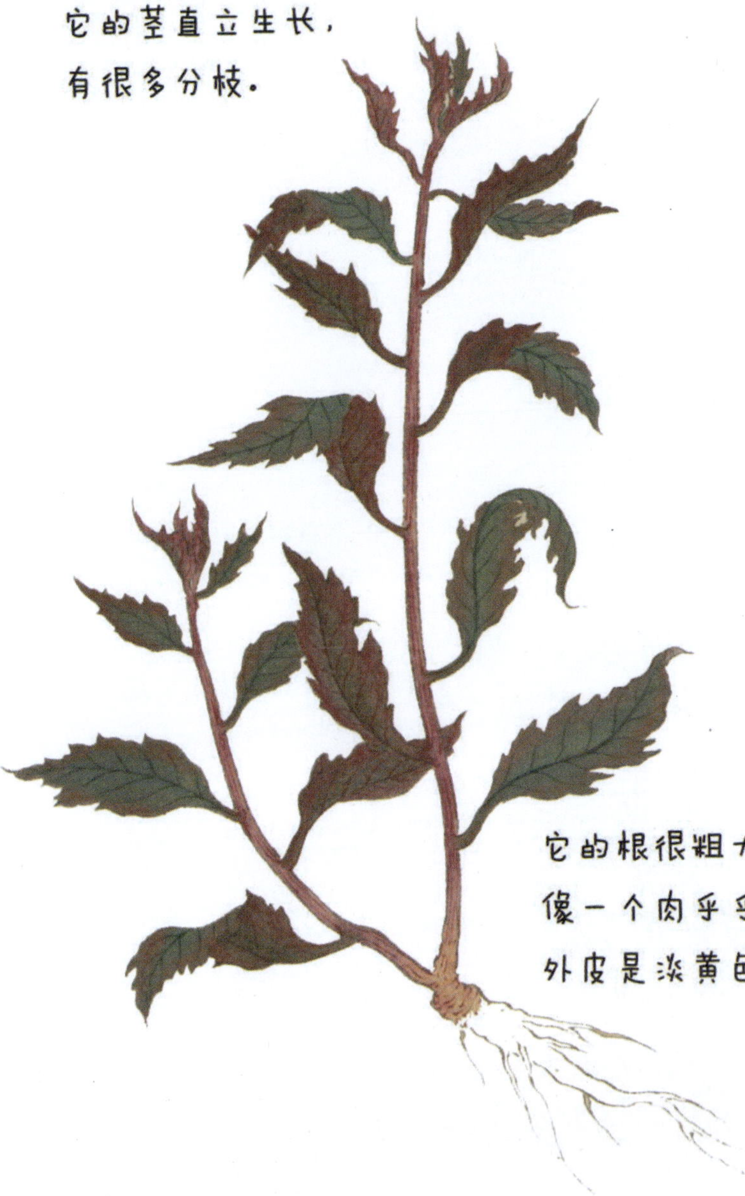

它的根很粗大，
像一个肉乎乎的倒圆锥，
外皮是淡黄色或灰褐色的。

商陆的根部具有逐水消肿、通大小便的功效。

蛇莓

shé méi

蛇莓的叶子小小的，
形状有点像菱形，
叶子旁边还有两个
像翅膀一样的托叶。

蛇莓的花长在叶子下面，
通常呈黄色；
它的果实小小的，
呈鲜艳的红色。

蛇莓的根又短又壮，
还会伸出很多细细长长的茎，贴着地面生长。

蛇莓具有清热解毒、凉血止血、散瘀消肿的功效。

使君子
shǐ jūn zǐ

使君子可以爬得很高。
它的叶子成对生长，叶片呈卵形或者椭圆形，
摸起来像一层薄薄的膜。

使君子的叶子正面光滑，
叶片背面有时覆盖着
稀疏的棕色柔毛。

使君子的果实可以入药，
对小儿寄生蛔虫症有较好的疗效。

快来连一连吧！

车前

商陆

红花

败酱

剪春罗

紫花地丁

蜀葵

金盏花